DISSERTATION SUR LE SYSTEME

DE L'AUTEUR DES LETTRES anonimes, où l'on combat le préjugé qui attribue à l'imagination des Meres le pouvoir d'imprimer sur le corps des enfans, renfermés dans leur sein, l'image des objets qui les ont frappées.

L'AUTEUR de cette opinion, *que les impressions ou marques que l'on trouve extérieurement sur le corps des enfans, ne sont pas l'effet de l'imagination vive de la mere*, suppose un grand principe qui est la base de toutes ses conséquences. Il convient que, pour que les idées & perceptions de la mere ſoient communes avec l'enfant renfermé dans ſon ſein, *il faut que les eſprits qui ont excité dans le cerveau de la mere telles ou telles idées, paſſent avec la même détermination dans le cerveau de l'enfant*; ce principe eſt ſi evident, je l'avoue, que perſonne ne peut le révoquer en doute. Mais, dit l'Auteur anonime, cette communication eſt impoſſible, *aucun nerf ne paſſe de la mere à l'enfant, qui ne lui eſt uni que par les vaiſſeaux ſanguins.* J'inſiſte ſur cette aſſertion dénuée de preuves; eſt-il bien vrai qu'il n'y ait aucune communication de nerfs & d'eſprits de la mere à l'enfant? L'œconomie animale & les expériences de la Phyſique moderne, ne donnent-elles pas des preuves au moins vraiſemblables de cette communication?

En effet, l'Anatomie nous fait voir des rapports ſucceſſifs & continuels de toutes les parties du corps les unes avec les autres, & ſurtout des vaiſſeaux & des nerfs ſimpathiques. Probablement, (& perſonne ne peut démontrer le contraire) cette œconomie admirable ſe communique de la mere à l'enfant. Il eſt vrai que les nerfs, qui peuvent ſe communiquer de la mere au *fœtus*, par le *cordon ombilical*, ne ſont pas ſenſibles, mais de ce qu'ils ſont imperceptibles, ſeroit-il raiſonnable d'en nier l'exiſtence? Ainſi l'Auteur des *Lettres Anonimes* avance ſans preuve qu'aucun nerf ne communique de la mere à l'enfant, & que l'enfant n'eſt uni à la mere que par des vaiſſeaux ſanguins. Il eſt vrai encore que cette propoſition, qu'*il n'y a point de communication immédiate de la mere à l'enfant renfermé dans ſon ſein*, ſemble être fortifiée par l'opinion de quelques Anatomiſtes modernes, qui prétendent que le *placenta* d'où part le *cordon ombilical* n'a aucune adhérence avec l'*uterus*, & que l'enfant ne fait que pomper le ſuc nourricier de la mere, par ſa partie convexe & ſpongieuſe, qui s'imprime ſeulement dans ce viſcére, de la même maniére qu'un cachet dans la cire; mais eſt-il bien certain qu'il n'y ait point d'adhérence? De grands Anatomiſtes en admettent, & *Heiſter*, célébre Médecin Allemand, dit que la partie convexe & ſpongieuſe du *placenta* a une connexion à la partie inférieure de l'*uterus* par une membrane très-mince, qui eſt une continuité du *chorion*. Cette obſervation d'*Heïſter* étant admiſe, on ne peut douter qu'il n'y ait une communication immédiate de la mere au *fœtus*. Il reſte toujours à ſçavoir, ſi cette communication ſe fait par l'entremiſe des vaiſſeaux ſanguins & des nerfs enſemble, ou ſeulement par les vaiſſeaux ſanguins; je répéte qu'il eſt impoſſible de décider (vû la ténuité des fibrilles qui uniſſent le *fœtus* à la mere,) qu'il n'y a point de continuité de nerfs: d'ailleurs je conſens pour un moment qu'il n'y ait aucune communication de nerfs de la mere à l'enfant; les esprits animaux remués à l'occasion de l'imagination vive d'une mere, ne peuvent-ils pas enfiler par la voye de la circulation, les routes des vaisseaux sanguins, qui portent le suc nourricier au *fœtus* ? Je n'employe qu'un exemple de la Physique moderne pour prouver cette possibilité, un tube électrique communique sa vertu (qui n'est autre chose qu'un écoulement de particules subtiles & insensibles) à des corps de différentes espéces & de différents genres, sans qu'il y ait entr'eux aucune communication ni aucune adhérence ni contiguité de parties ; & cela s'exécute en suivant toujours la premiére détermination.

Il résulte de tout ceci, qu'y ayant une communication, soit immédiate, soit médiate de la mere à l'enfant renfermé dans son sein, comme on n'en peut douter, il eit très vraisemblable que les impressions vives faites dans le cerveau de la mere, doivent ſe communiquer au corps du *fœtus*, & qu'ainſi on ne doit point aſſûrer, comme fait l'Auteur *anonime*, que la communication de ces impreſſions du cerveau de la mere à l'enfant, eſt impoſſible.

RE' PONSE

A LA DISSERTATION de l'Anonime, qui avoit prétendu refuter l'Auteur des Lettres sur l'imagination des femmes enceintes.

MON RÉVÉREND PERE,

Je n'ai pas cru que dans des Lettres adressées à une Dame, je dusse prouver qu'aucun nerf ne passe de la mere à l'enfant renfermé dans son sein. J'ai été en droit de supposer qu'on m'en croiroit sur les faits anatomiques. Les preuves tirées de l'œconomie animale que j'aurois pu ajouter m'auroient éloigné de l'ordre & de la simplicité que je cherchois, & qui étoient nécessaires pour me rendre intelligible à des personnes peu instruites des questions de Physique & d'Anatomie. Au surplus j'étois rassuré par l'autenticité des faits que j'avois cités, & je vous l'avouerai, mon Révérend Pere, je ne m'attendois pas qu'on dût me demander : *S'il est bien vrai qu'il n'y ait aucune communication de nerfs de la mere à l'enfant ?*

Ce que j'ai lû dans les Traités d'Anatomie, ce que j'en ai appris de plusieurs sçavans Anatomistes, & s'il m'est permis de l'ajouter, mes propres recherches, tout m'a convaincu, qu'il ne passoit aucun nerf de la mere à l'enfant. L'Auteur d'une *Dissertation* insérée dans vos Mémoires, rapporte contre moi l'autorité d'Heister. Voici ce que dit cet Anatomiste : *La partie convexe du placenta est attachée au fond de l'uterus* * *par l'entremise*

* L'Auteur de la Dissertation me permettra de lui dire, que le fond de l'*uterus* n'est point sa partie inferieure, l'expression lui en a imposé.

d'une membrane fine & fibreuse, continue au chorion... Sa partie concave est encore entourée d'une petite membrane continue au chorion. * Le même Auteur parlant des membranes qui enveloppent le fœtus, avoit dit : *La première appellée chorion, est une membrane épaisse, spongieuse, remplie d'un grand nombre de vaisseaux sanguins, contigue à l'uterus, & que l'on peut diviser en plusieurs lames.*

Je pense, mon Révérend Pere, qu'il résulte des passages que j'ai cités. 1°. Que le *chorion* se divise en deux lames, dont l'une recouvre la partie convexe du *placenta*, tandis que la lame intérieure recouvre la partie concave. 2°. Que le *placenta* ne touche pas immédia-

* Dans la Traduction d'Heister, à laquelle on a joint des *Essais Physiques sur l'usage des parties*, il est dit : *par le moyen d'une membrane fort mince & veloutée, qui est la continuation du chorion.* Voyez *Abregé Anatomique d'Heister, traduit par un Chirurgien de Paris. P. 246.*

tement le fonds de l'*uterus*, qu'il en est séparé par la lame membraneuse du *Chorion* ; mais le *chorion* n'est que *contigu* à l'*uterus*, selon l'expression d'Heister. Une connexion qui n'est formée que par la contiguité des parties, ne suppose point un passage de vaisseaux & de nerfs de l'un à l'autre des deux corps contigus. L'autorité d'Heister n'est donc pas contre moi. Je dois ajouter qu'Heister décrivant le cordon ombilical ne parle, comme les autres Anatomistes, que de deux artères & d'une veine. S'il eut pensé qu'il y eut aussi des fibres nerveuses, il l'eut dit sans doute, son silence est une preuve qu'il ne reconnoissoit point ce passage des nerfs de la mere à l'enfant.

L'œconomie animale doit nous convaincre encore mieux qu'il ne passe aucun nerf de la mere à l'enfant. En effet si les nerfs de la mere passoient au corps du fœtus & pouvoient lui apporter les esprits envoyés du cerveau de la mere, ces mêmes esprits pourroient réfluer par ces fibres nerveuses de l'enfant à la mere. Ils réflueroient toutes les fois que ces fibres nerveuses seroient ou comprimées ou irritées ; & ce reflux exciteroit dans la mere une sensation agréable ou désagréable. Toute sensation excitée à l'occasion d'un ébranlement d'une fibre nerveuse est rapportée à la partie où aboutit l'extrémité de la fibre par laquelle se fait le reflux des esprits ; par conséquent si les nerfs de la mere passoient au corps du fœtus, la mere ressentiroit des douleurs dont la cause existeroit dans le corps du fœtus, elle rapporteroit ces douleurs aux parties du fœtus où les nerfs irrités aboutiroient, elle distingueroit la partie du fœtus qui seroit le siége de la douleur avec autant de facilité, qu'elle distingue le lieu d'une douleur excitée dans son propre corps. L'Auteur de la Dissertation se convainera sans peine de cette conséquence, s'il daigne réfléchir sur *les rapports successifs & continuels de toutes les parties de notre corps les unes avec les autres*, & *cette œconomie admirable* qui a fait naître ses doutes, ne servira plus qu'à me justifier.

J'aurois pu ajouter que la mere devroit ressentir, long-tems après ses couches, des douleurs qu'elle rapporteroit à des parties du corps de son enfant qu'elle pourroit désigner, de même qu'un homme ressent des douleurs qu'il rapporte à une main qu'il n'a plus. Personne n'ignore par quel méchanisme cela devroit arriver; aussi ne fais-je qu'indiquer cette conséquence.

Cette communication de sensations douloureuses n'est pas le seul mal qui résulteroit du passage des nerfs de la mere à l'enfant. J'ose assurer que s'il passoit des nerfs de la mere à l'enfant, il n'est point d'accouchement qui ne devint mortel.

Je prie l'Auteur de la Dissertation de se représenter une tumeur *enchystée*, appliquée sur des ramifications nerveuses, de supposer, comme il arrive quelquefois, que des filets de nerfs se sont prolongés & ont passé dans la tumeur ; que cette tumeur occupe une grande superficie ; si dans ce cas après avoir découvert le *chiste*, on vouloit enlever de force cette tumeur sans avoir coupé les nerfs par lesquels elle seroit attachée, on tirailleroit ces nerfs, on les irriteroit, on causeroit les plus vives douleurs, & même des convulsions. Que seroit-ce, si pour séparer cette tumeur, il falloit que ces nerfs fussent déchirés ? L'œuf descendu dans l'*uterus* est un corps étranger qui n'a d'abord aucune connexion avec la partie qui le renferme ; il doit en sortir après un tems limité. Cet œuf ne s'applique à l'*uterus* que quelques jours après qu'il y est descendu. Si durant cette application les nerfs qui rampent sur l'*uterus* passoient dans l'œuf & dans l'animal qu'il contient, on ne pourroit les séparer l'un de l'autre sans déchirer les nerfs, & ce déchirement exposeroit la mere aux douleurs, aux convulsions, à la mort.

Nous ne voyons rien de semblable. Le *placenta* se sépare presque toujours avec facilité, sans tiraillements, sans efforts; les femelles des animaux n'ont besoin d'aucun secours pour en être délivrées. Le *placenta* n'est donc point attaché à l'*uterus* par des nerfs qui passent de la mere à l'enfant.

Il n'est pas extraordinaire de voir des femmes qui ont heureusement accouché de dix ou douze enfans, & quelques-unes d'un plus grand nombre. La position du fœtus dans le sein de sa mere & l'application la plus ordinaire du *placenta* au fond de l'*uterus* ont donc souvent donné occasion aux mêmes nerfs de se prolonger, & ces nerfs ont été autant de fois déchirés. Il n'y a rien dans toute l'œconomie animale, qui puiſſe favoriſer l'idée d'une ſemblable végétation.

Mais pourroit-on me répondre, les nerfs de la mere ne ſe prolongent pas; ils ſuffiſent aux fibres nerveuſes du *chorion* Cette réponſe ne détruiroit pas les principales raiſons que j'ai rapportées; parce qu'il ne ſuffiroit pas qu'il y eut entre les fibres nerveuſes un ſimple contact; il faudroit, pour que les eſprits paſſaſſent de la mere à l'enfant, qu'il y eut une *anaſtomoſe* réelle, qui ne fit des deux fibres nerveuſes qu'une ſeule fibre continue; ſans cela il ne pourroit y avoir aucun paſſage des eſprits du cerveau de la mere au cerveau du fœtus; & cette *anaſtomoſe* une fois ſuppoſée, la conſéquence pour le reflux des eſprits ſeroit la même, & il y auroit le même danger dans le déchirement des nerfs.

Mais les eſprits animaux remués à l'occaſion d'une imagination vive d'une mere ne peuvent-ils pas enfiler par la voye de la circulation la route des vaisseaux sanguins qui portent le suc nourricier au fœtus? Telle est, mon Révérend Pere, la nouvelle question de l'Auteur de la Dissertation. Je me l'étois faite moi-même, & je crois avoir prouvé que comme ces esprits renvoyés du cerveau de la mere vers les parties du corps, repassent dans la masse du sang dont ils avoient été séparés; ils y sont confondus & ils y perdent nécessairement dans leur mélange avec les différentes humeurs cette détermination particuliére & unique, en conséquence de laquelle ils avoient excité dans l'ame de la mere telle ou telle idée. L'Auteur de la Dissertation a voulu sans doute me dispenser de repéter ce que j'en ai dit; puisqu'il ne l'a pas combatu. Il a cherché une objection dans les expériences sur l'électricité. Je n'entreprendrai pas d'expliquer la vertu électrique & la facilité avec laquelle elle se communique ; ce seroit une témérité. Il faut attendre que la Physique expérimentale ait rassemblé un fonds de matériaux assez riche pour en former un systême, qui sans doute doit être lié à celui de l'Univers. Jusques là il faut éviter avec soin de décider, & des causes de l'électricité, & des rapports qu'elles peuvent avoir avec celles de plusieurs autres effets. Un systême précoce peut bien être la preuve d'une imagination vive & féconde ; il ne l'est jamais du bon sens. Je respecte trop l'Auteur de la Dissertation, pour le croire capable de la précipitation que je condamne. Il devroit donc aussi me dispenser de répondre à une objection dont ni lui, ni moi ne connoissons le mérite.

Je croirois cependant que quelques faits connus sur la communication de l'électricite prouvent que cette expérience ne peut avoir aucun rapport au passage des esprits du cerveau de la mere au cerveau de l'enfant. Cet *écoulement de particules subtiles & insensibles* qui s'échappent *du tube*, ou du globe électrique se communique à des corps de différente espéce, non, comme dit l'Auteur de la Dissertation, *sans qu'il y ait entre eux aucune communication, aucune adhérence, ni contiguité de parties*, mais à tous les corps qui ne sont pas électriques par eux-mêmes ou qui n'ont pas été electrisés, & qui communiquent à la sphere de l'émanation électrique, ou par eux-mêmes, ou par ceux ausquels ils sont contigus. Cette communication se porte à des distances éloignées, ou est interrompue selon la nature des corps qu'elle rencontre, elle se fait par les surfaces des corps & ne paroît être qu'une sorte d'impulsion dans un espace libre. Je ne trouve en cela aucune analogie avec ce qui se passe dans le mouvement des esprits animaux, qui se confondent

& qui circulent avec le ſang, qui ſe ſéparent, & ſe diſtribuent comme le ſang à différentes parties du corps, ſans que rien puiſſe les déterminer à paſſer dans un vaiſſeau plutôt que dans un autre. Si l'Auteur de la Diſſertation y découvre ces rapports ſuivis, cette uniformité d'action, cette égalité de méchaniſme qui donne droit de conclure de l'un par l'autre, c'eſt à lui à nous faire part de ſes lumiéres, nous en ſerons reconnoiſſans malgré l'inſuffiſance de l'objection en elle-même; car quand il ſeroit vrai, comme je l'ai dit dans mes Lettres, qu'une mere put communiquer ſes idées & ſes paſſions à l'enfant renfermé dans ſon ſein, il n'en réſulteroit jamais que l'imagination de la mere pût graver ſur le corps des enfans la figure des objets qui auroient excité ſes idées & ſes paſſions. Je n'ai pas beſoin d'en rappeller ici les preuves, & je finis, mon Révérend Pere, en diſant qu'il réſulte de tout ce que j'ai dit. 1°. Qu'il ne passe aucun nerf de la mere à l'enfant renfermé dans son sein. 2°. Que les esprits qui ont excité une idée dans l'ame de la mere ne pouvant passer à l'enfant que par la voye de la circulation du sang, ces esprits doivent perdre leur premiére détermination, & devenir incapables de transmettre à l'enfant l'idée qu'ils avoient excitée dans la mere. J'ai donc pu assurer qu'il étoit impossible que les idées de la mere pussent être communiquées à l'enfant renfermé dans son sein.

Je serai bien flatté, mon Révérend Pere, si mes principes, & les conséquences que j'en ai tirées méritent votre suffrage.

Je suis votre, &c. *L'Auteur des Lettres sur le pouvoir de l'imagination des femmes enceintes.*

Extrait des Mémoires pour servir à l'Histoire des Sciences & des Beaux Arts, mois d'Avil, I. vol. & Juin 1746.

www.ingramcontent.com/pod-product-compliance
Lightning Source LLC
LaVergne TN
LVHW050229180726
843501LV00013BA/3361

* 9 7 8 2 3 2 9 6 3 6 8 9 4 *